Ashish Wakulkar

Transição e Transição Interior Elementos Revelados

Ashish Wakulkar

Transição e Transição Interior Elementos Revelados

Explorando a Química, Propriedades e Aplicações dos Metais dos Blocos d e f

ScienciaScripts

Imprint

Cover image: www.ingimage.com

This book is a translation from the original published under ISBN 978-620-7-81033-8.

Publisher:
Sciencia Scripts
is a trademark of
Dodo Books Indian Ocean Ltd. and OmniScriptum S.R.L publishing group

120 High Road, East Finchley, London, N2 9ED, United Kingdom
Str. Armeneasca 28/1, office 1, Chisinau MD-2012, Republic of Moldova, Europe
Printed at: see last page
ISBN: 978-620-8-13595-9

Prefácio

A viagem pelo mundo da química é uma exploração profunda dos blocos de construção da matéria, onde cada elemento conta uma história única do intrincado design da natureza. Entre estes elementos, os metais de transição e de transição interna ocupam um lugar especial. As suas propriedades, aplicações e comportamentos não são apenas fascinantes, mas também fundamentais para muitos avanços científicos e industriais.

Este livro é dedicado à compreensão destes elementos notáveis, que ocupam o bloco d e o bloco f da tabela periódica. Os elementos de transição, conhecidos pela sua capacidade de formar compostos coloridos, estados de oxidação variáveis e propriedades catalíticas, são o coração de muitos processos bioquímicos e tecnológicos. Os elementos de transição interiores, que englobam os lantanídeos e os actinídeos, apresentam o seu próprio conjunto de caraterísticas únicas, incluindo o seu papel nos materiais avançados e na tecnologia nuclear.

O estudo dos elementos de transição e de transição interna é uma ponte entre a química fundamental e as suas aplicações no mundo real. Quer se trate do papel do ferro no nosso sangue, da utilização da platina em conversores catalíticos ou das aplicações críticas do urânio na produção de energia, estes elementos são indispensáveis tanto para a vida como para a tecnologia.

Neste livro, o nosso objetivo é fornecer uma visão global da química dos elementos de transição e de transição interna. Aprofundamos as suas configurações electrónicas, estados de oxidação, atómicos e iónicos, formação de complexos e propriedades gerais.

O nosso objetivo é apresentar esta matéria complexa de uma forma acessível a estudantes, investigadores e qualquer pessoa com um grande interesse pela química. Através de explicações claras, esperamos desmistificar o fascinante mundo dos elementos de transição e de transição interna.

Ao embarcar nesta viagem, encorajamo-lo a apreciar a beleza intrincada destes elementos e o seu papel crucial na formação do mundo que nos rodeia. Que este livro sirva como um recurso valioso na sua busca de conhecimento e inspire uma apreciação mais profunda pelas maravilhas da química.

Boa leitura!

Dr. Ashish P. Wakulkar
28-06-2024

Agradecimentos

Escrever este livro foi uma viagem gratificante e estou profundamente grato a todos os que apoiaram e contribuíram para a sua conclusão.

Antes de mais, gostaria de expressar a minha sincera gratidão à minha família pelo seu apoio inabalável, paciência e encorajamento ao longo deste projeto. O vosso amor e compreensão têm sido o meu alicerce.

Estou imensamente grato aos meus colegas e alunos do Anand Niketan College, Anandwan-Warora, Maharashtra (Índia) pelas suas discussões perspicazes, feedback construtivo e entusiasmo pelo tema. Os vossos contributos enriqueceram o conteúdo deste livro e tornaram-no mais abrangente.

M. R. Lanjewar e ao meu H.O.D. Prof. S. A. Shah, cujos conhecimentos e orientação foram inestimáveis durante o processo de investigação e redação. A vossa sabedoria e experiência moldaram grandemente a direção e a qualidade deste trabalho.

Gostaria também de agradecer o apoio e os recursos fornecidos pelo nosso querido Diretor, Dr. M. C. Kale, e pelo Colégio Anand Niketan.

Por último, gostaria de agradecer a todos os investigadores e autores cujo trabalho inspirou e informou o meu. Este livro assenta nos ombros das vossas contribuições pioneiras para o domínio da química.

Aos meus leitores, obrigado pelo vosso interesse nos elementos de transição e de transição interna. Espero que este livro sirva como um recurso valioso e inspire novas explorações e descobertas no fascinante mundo da química.

Dr. Ashish Pandurang Wakulkar
26-06-2024

Resumo do conteúdo

ELEMENTOS DE TRANSIÇÃO

(d- Elementos do bloco)

Introdução

A tabela periódica, também conhecida como tabela periódica dos elementos, é uma disposição ordenada dos elementos em linhas e colunas de acordo com o número atómico crescente. As linhas horizontais são designadas por períodos, com os metais na extrema esquerda e os não-metais na direita. As colunas verticais, designadas por grupos, são constituídas por elementos com propriedades químicas semelhantes.

Existem 18 grupos na tabela periódica padrão. Cada grupo tem um número: de 1 a 18. Os elementos de um grupo têm os electrões dispostos de forma semelhante, de acordo com o número de electrões de valência, o que lhes confere propriedades químicas semelhantes. Atualmente, com 118 elementos conhecidos, é considerada uma das realizações mais significativas da ciência.

Os elementos presentes no lado esquerdo da tabela periódica são designados por elementos do "bloco S" e os elementos presentes no lado direito da tabela periódica são designados por elementos do "bloco P". Os elementos presentes entre os blocos S e P são coletivamente designados por elementos do "bloco d".

Os dois termos ***metal do bloco d*** e ***metal de transição*** são frequentemente utilizados indistintamente. No entanto, não significam a mesma coisa. O nome ***"metal de transição"*** deriva originalmente do facto de apresentarem uma transição [*mudança*] nas propriedades dos elementos do bloco s para o bloco p. A definição IUPAC de um elemento de transição é um elemento que tem uma subcamada d incompleta, quer no átomo neutro, quer nos seus iões. Assim, dois dos elementos do Grupo-12, Zn e Cd, são membros do bloco d, mas não são elementos de transição, uma vez que não possuem compostos com subcamada d incompleta.

O último eletrão entra na orbital d, pelo que são designados por elementos do "bloco d". Nestes elementos, a adição de um eletrão tem lugar na penúltima camada.

Estes elementos, no seu estado atómico ou em qualquer dos seus estados de oxidação comuns, têm a orbital (n-1)d da camada principal (n-1)parcialmente preenchida. Nestes elementos, o eletrão que entra entra na orbital (n-1)d.

Os elementos em que o último eletrão entra na orbital f são chamados elementos do bloco f. Nos elementos do bloco f, as três camadas mais externas estão incompletas. O eletrão diferenciador entra na pré-penúltima camada que está na orbital (n-2)f. Os elementos do bloco f são também designados por ***elementos de transição internos*** porque a adição do último eletrão é mais interna no átomo do que nos elementos de transição.

Todos os elementos do bloco d são classificados em quatro séries, ou seja, séries 3d, 4d, 5d e 6d, correspondentes ao preenchimento de electrões nas orbitais 3d, 4d, 5d e 6d, respetivamente. Todas as séries de transição, ou seja, as séries 3d, 4d, 5d e 6d, têm 10 elementos cada uma devido à capacidade da orbital d.

Os elementos do bloco d devem ter a orbital d parcialmente preenchida. Os elementos cujas propriedades são intermédias (de transição) entre os elementos dos blocos s e p são designados por elementos de transição.

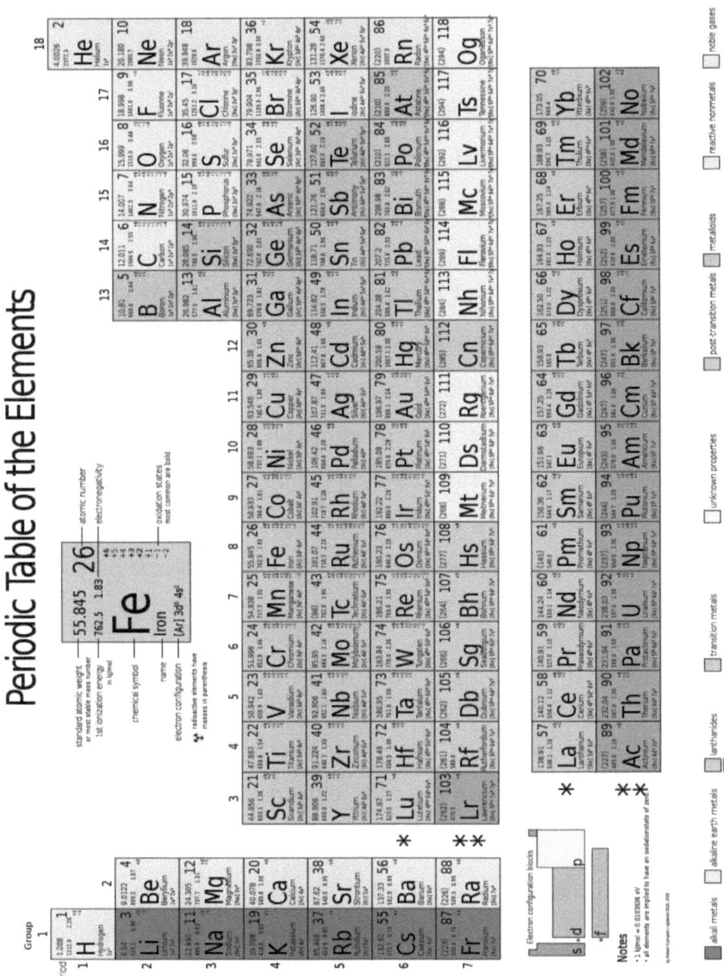
Periodic Table of the Elements

ELEMENTOS DA PRIMEIRA SÉRIE DE TRANSIÇÃO

Configuração eletrónica:

A configuração eletrónica é uma disposição dos electrões em níveis de energia com a ajuda de diferentes regras.

Na primeira série de transição, os elementos começam no Escândio e terminam no Zinco. O preenchimento de electrões ocorre na orbital 3d, ou seja, na penúltima camada. A configuração geral das orbitais exteriores dos metais de transição é (n-1) d $ns^{1\text{-}10\ 0,1,2}$. Assim, a configuração eletrónica geral para os elementos 3d é [Ar] $3d^{1\text{-}10}$ $4s^{1,2}$. As configurações electrónicas são as seguintes

Tabela 1 - Configuração eletrónica dos elementos 3d

Número atómico	*Nome*	*Símbolo*	*Configuração eletrónica prevista*	*Configuração eletrónica observada*
21	Escândio	Sc	[Ar] $3d^1$ $4s^2$	[Ar] $3d^1$ $4s^2$
22	Titânio	Ti	[Ar] $3d^2$ $4s^2$	[Ar] $3d^2$ $4s^2$
23	Vanádio	V	[Ar] $3d^3$ $4s^2$	[Ar] $3d^3$ $4s^2$
24	Crómio	Cr	[Ar] $3d^4$ $4s^2$	[Ar] $3d^5$ $4s^1$
25	Manganês	Mn	[Ar] $3d^5$ $4s^2$	[Ar] $3d^5$ $4s^2$
26	Ferro	Fe	[Ar] $3d^6$ $4s^2$	[Ar] $3d^6$ $4s^2$
27	Cobalto	Co	[Ar] $3d^7$ $4s^2$	[Ar] $3d^7$ $4s^2$
28	Níquel	Ni	[Ar] $3d^8$ $4s^2$	[Ar] $3d^8$ $4s^2$
29	Cobre	Cu	[Ar] $3d^9$ $4s^2$	[Ar] $3d^{10}$ $4s^1$
30	Zinco	Zn	[Ar] $3d^{10}$ $4s^2$	[Ar] $3d^{10}$ $4s^2$

Observa-se que o enchimento de electrões ocorre regularmente, mas há uma irregularidade na configuração do Cr e do Cu. A irregularidade na configuração destes dois elementos pode ser explicada com base no conceito de que as orbitais d meio preenchidas e completamente preenchidas são relativamente mais estáveis do que as outras orbitais d. Assim, no Cr e no Cu um eletrão da orbital 4s salta para a orbital 3d interna para tornar o átomo mais estável. Este fenómeno é conhecido como fenómeno de troca.

De acordo com a definição dos elementos do bloco d, estes devem ter uma orbital d parcialmente preenchida. Assim, o Cu não é um verdadeiro membro da primeira série de transição porque não tem nenhuma orbital d parcialmente preenchida. Do mesmo modo, o Zn, no seu estado atómico e no estado de oxidação +2, não possui qualquer orbital d parcialmente preenchida. Assim, o Zn também não é um verdadeiro membro da primeira série de transição. Mas, para manter uma classificação razoável ou racional dos elementos, o Cu e o Zn são estudados com a primeira série de transição.

Raios atómicos e raios iónicos:

Um raio atómico significa a distância do eletrão da camada de valência ao centro do núcleo. Os raios atómicos no período diminuem geralmente da esquerda para a direita. Isto deve-se ao aumento da carga nuclear que atrai os electrões que são adicionados na mesma camada. Assim, os electrões são atraídos para o interior e a sequência é perturbada devido ao efeito de blindagem.

Efeito de blindagem: Nos primeiros elementos da série de transição, o eletrão entra na penúltima camada, ou seja, na orbital 3d. Estes electrões 3d repelem os electrões 4s exteriores do núcleo e diminuem a atração nuclear. Este efeito é designado por efeito de proteção.

Em geral, podemos dizer que os electrões internos repelem os electrões mais externos para longe do núcleo. Este efeito é designado por efeito de proteção ou efeito de blindagem.

A atração entre o núcleo e o eletrão 4s é a atração nuclear. Esta força é responsável por diminuir o tamanho de um átomo. Nos elementos 3d, o eletrão entra na penúltima camada, ou seja, na orbital 3d. Este eletrão 3d repele o eletrão 4s exterior para longe do núcleo. Este efeito é designado por efeito de proteção. Esta força é responsável por aumentar o tamanho do átomo.

Tabela 2 - Raios atómicos e iónicos dos elementos 3d

Elemento	*Raio atómico (A)^0*	*Raio iónico M^{2+} in (A)^0*
Sc	1.44	0.92
Ti	1.32	0.90
V	1.22	0.88
Cr	1.18	0.84
Mn	1.17	0.80
Fe	1.17	0.76
Co	1.16	0.74
Ni	1.15	0.72
Cu	1.17	0.69
Zn	1.25	0.74

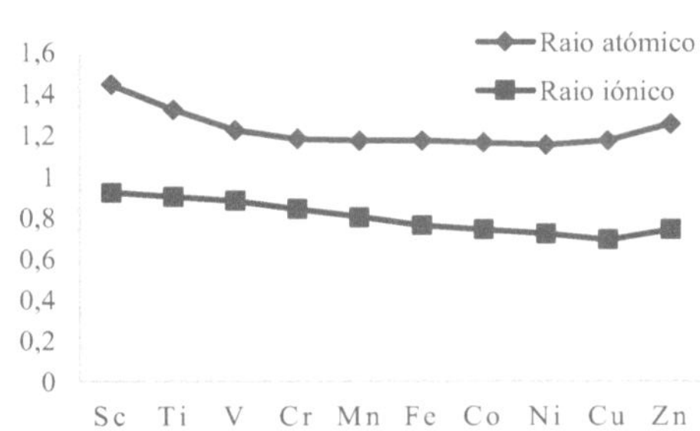

Fig. 1 - Variação dos raios atómicos e iónicos

No caso da primeira série de transição, os raios atómicos diminuem de Sc para Cr porque aqui a atração nuclear é maior do que o efeito de blindagem. Mas depois do Cr até ao Cu quase não há alterações no tamanho atómico porque aqui o efeito de blindagem aumenta e torna-se igual à atração nuclear [à medida que o número de electrões 3d aumenta, o efeito de blindagem aumenta] No caso do Zn, o efeito de blindagem é maior do que a atração nuclear, pelo que há um aumento do tamanho atómico. A mesma alteração nos raios iónicos é também apresentada na tabela.

Potencial de ionização:

A quantidade mínima de energia necessária para remover o eletrão mais externo mais frouxamente ligado de um átomo gasoso isolado é chamada potencial de ionização ou energia de ionização.

O potencial de ionização é inversamente proporcional ao tamanho atómico. Quanto menor for o tamanho do átomo, os electrões estão mais próximos do núcleo, pelo que estão fortemente ligados. Por conseguinte, é necessária mais energia para remover o eletrão, ou seja, maior potencial de ionização. Um tamanho atómico simplesmente pequeno significa um potencial de ionização elevado.

Geralmente, da esquerda para a direita no período, o tamanho atómico diminui e o potencial de ionização aumenta.

Na primeira série de transição, o tamanho atómico não diminui regularmente devido ao efeito de blindagem. O eletrão 3d repele [protege] o eletrão 4s exterior do núcleo. Isto é conhecido como efeito de proteção.

Do Sc para o Cr, o tamanho atómico diminui, pelo que o potencial de ionização aumenta. Mas do Cr para o Cu quase não há alteração no tamanho atómico, pelo que não há alteração no potencial de ionização. Na primeira série de transição do Sc para o Zn, o potencial de ionização aumenta, mas muito lentamente.

A configuração eletrónica externa do Zn é 3d $4s^{10\ 2}$. Tem orbitais 3d e 4s estáveis completamente preenchidas. Assim, o Zn tem o potencial de ionização mais elevado.

Os valores do segundo IP também aumentam do Sc para o Zn. O segundo valor de IP para o Cr e o Cu é suficientemente mais elevado do que os elementos vizinhos, porque têm uma configuração exterior como- [Cr -3d $4s^{51}$] [Cu-3d 4s]^{101}

Após o primeiro potencial de ionização, têm electrões $3d^5$ e $3d^{10}$, respetivamente. Isto significa que são mais estáveis devido às orbitais [$3d^5$] e [$3d^{10}$] completamente preenchidas. Assim, o Cr e o Cu têm um valor elevado para o segundo potencial de ionização do que os elementos vizinhos.

Os valores do potencial de ionização dos elementos de transição situam-se entre os elementos do bloco s e do bloco p. Assim, os elementos de transição podem formar compostos iónicos [como os do bloco s], bem como compostos covalentes [como os do bloco p], mas em menor grau.

Tabela 3 - Potenciais de ionização dos elementos 3d

Elemento	*Primeiro potencial de ionização (KJ/Mol)*	*Segundo potencial de ionização (KJ/Mol)*	*Terceiro potencial de ionização (KJ/Mol)*
Sc	631	1235	2389
Ti	658	1310	2653
V	650	1414	2828
Cr	653	1591	2987
Mn	717	1509	3248
Fe	759	1562	2957
Co	758	1648	3232
Ni	736	1753	3395
Cu	745	1958	3555
Zn	906	1733	3833

Tabela 4 - Propriedades gerais dos elementos 3d

Elemento	*Número atómico*	*Ponto de fusão (K)*	*Ponto de ebulição (K)*	*Densidade (g/cm)³*	*Electro-negatividade*	*Estrutura cristalina*
Sc	21	1814	3104	2.99	1.3	HCP
Ti	22	1941	3560	4.5	1.5	HCP
V	23	2183	3650	6.11	1.6	BCC
Cr	24	2180	2945	7.19	1.6	BCC
Mn	25	1519	2235	7.44	1.5	FCC
Fe	26	1811	3023	7.87	1.8	BCC
Co	27	1768	3143	8.90	1.9	HCP
Ni	28	1728	3005	8.91	1.9	FCC
Cu	29	1358	2840	8.94	1.9	FCC
Zn	30	693	1180	7.14	1.6	HCP

Estados de oxidação variáveis:

Uma das propriedades mais importantes dos elementos de transição é o facto de apresentarem estados de oxidação variáveis, ao contrário dos elementos dos blocos s e p. Os elementos de transição apresentam estados de oxidação positivos. (Suponhamos que perde um eletrão, então o estado de oxidação é +1)

Os elementos 3d apresentam estados de oxidação variáveis porque a energia das orbitais 3d e 4s é praticamente a mesma, pelo que os elementos podem perder electrões de ambas as orbitais e, por isso, têm estados de oxidação variáveis.

Os elementos 3d podem perder apenas o eletrão 4s ou ambos os electrões das orbitais 4s e 3d.

Estado de oxidação mínimo: A oxidação mínima destes elementos é igual ao número de electrões na orbital 4s. O Cr e o Cu têm um estado de oxidação mínimo +1 porque contêm um eletrão na orbital 4s. Todos os outros elementos apresentam um estado de oxidação mínimo +2 porque perdem dois electrões presentes na orbital 4s.

Estado de oxidação máximo: Do Sc ao Mn, o estado de oxidação máximo é igual ao número de electrões na orbital 4s mais o número de electrões na orbital 3d. Assim, o Mn apresenta um estado de oxidação máximo de +7 quando perde sete electrões exteriores.

Mas depois do Mn esta regra não é aplicável. Os elementos não apresentam um estado de oxidação superior a +3 porque o seu pequeno tamanho atómico não permite uma maior perda de electrões, pelo que o Fe, o Co, o Ni apresentam um estado de oxidação +2 e +3.

O Zn tem uma configuração eletrónica $3d^{10}\ 4s^2$, pelo que o Zn apresenta apenas um estado de oxidação +2 porque, após a perda de dois electrões da orbital 4s, tem uma orbital estável $3d^{10}$ completamente preenchida. Assim, o Zn difere dos restantes elementos.

A estabilidade dos vários estados de oxidação pode ser correlacionada com as orbitais 3d vazias, semi-preenchidas ou completamente preenchidas. Os estados de oxidação sublinhados na tabela são mais estáveis.

Tabela 5 - Estados de oxidação dos elementos 3d

Sc	Ti	V	Cr	Mn	Fe	Co	Ni	Cu	Zn
$3d^1$	$3d^2$	$3d^3$	$3d^5$	$3d^5$	$3d^6$	$3d^7$	$3d^8$	$3d^{10}$	$3d^{10}$
$4s^2$	$4s^2$	$4s^2$	$4s^1$	$4s^2$	$4s^2$	$4s^2$	$4s^2$	$4s^1$	$4s^2$
			+1					+1	
+2	+2	+2	+2	$\underline{+2}$	+2	+2	$\underline{+2}$	$\underline{+2}$	$\underline{+2}$
$\underline{+3}$	+3	+3	+3	+3	$\underline{+3}$	$\underline{+3}$	+3		
	$\underline{+4}$	+4	+4	+4			+4		
		$\underline{+5}$	+5						
			$\underline{+6}$	+6					
				$\underline{+7}$					

Cores dos iões de metais de transição:

A maioria dos compostos de metais de transição são coloridos. Mas os compostos de elementos do bloco s e p são geralmente incolores. Se o ião de um metal de transição contém um ou mais electrões não emparelhados na orbital d, então é colorido. A maior parte dos iões dos metais de transição são coloridos porque contêm electrões d não emparelhados.

Quando a luz branca incide sobre uma substância, surgem três possibilidades;

a) Se as radiações forem completamente *absorvidas* pela substância, esta apresenta uma cor *preta.*

b) Se as radiações forem completamente *transmitidas* (sem absorção) pela substância, esta apresenta-se *incolor*. Se as radiações forem *reflectidas*, então *é branca*.

c) Se uma parte da luz é *absorvida* e a restante é *transmitida*, então a substância parece *colorida*.

Só podemos ver a cor da substância na região visível. (400-750nm)

A substância parece colorida porque alguma luz é absorvida e a restante é transmitida. A cor da luz transmitida é complementar à cor da luz absorvida. A cor da luz transmitida é a cor da substância.

Cor absorvida	***Cor de cortesia (Cor da substância)***
Violeta	Verde amarelado
Azul	Amarelo
Azul esverdeado	Laranja
Verde azulado	Vermelho
Verde amarelado	Violeta
Amarelo	Azul
Laranja	Azul esverdeado
Vermelho	Verde azulado

O ião metálico de transição contém 5 sub-orbitais d. Durante a formação do composto, o ligando carregado negativamente aproxima-se do ião metálico. As cinco subcascas d dividem-se em dois conjuntos devido à repulsão entre o ligando negativo e os electrões d negativos.

Quando a luz visível incide sobre uma substância, a energia desta luz é utilizada para a promoção (transição) de um eletrão de uma orbital d de menor energia para uma orbital d de maior energia dentro da mesma subcamada d. É a chamada transição d-d. É a chamada transição d-d. Este eletrão promovido regressa à sua posição original. Durante este regresso, emite radiação sob a forma de uma luz colorida. Assim, a substância aparece colorida.

Iões metálicos	***Número de electrões não emparelhados na orbital 3d***	***Cor***
Sc^{3+} , Ti^{4+} , Cu^{+} , Zn^{2+}	0	Incolor
Cu^{2+} , V^{4+}	1	Azul
Ni^{2+} , V^{3+}	2	Verde
Co^{2+}	3	Cor-de-rosa
Cr^{3+}	3	Verde
Fe^{2+}	4	Verde claro
Cr^{2+}	4	Azul
Mn^{2+}	5	Rosa pálido
Fe^{3+}	5	Amarelo

Esta transição de electrões só é possível quando a orbital d contém um eletrão desemparelhado. O máximo de iões de metais de transição contém electrões d não emparelhados, pelo que há transição e, por isso, são coloridos. Mas os iões de metais de transição que têm uma orbital d completamente cheia (d^{10}) ou completamente vazia (d^0) são incolores porque não contêm electrões desemparelhados. Assim, Zn, Cu, Sc, Ti, V são incolores. A cor do ião metálico de transição está também relacionada com o número de electrões d não emparelhados. No entanto, outros factores são também importantes.

Propriedades magnéticas:

Os elementos da primeira série de transição e os seus compostos apresentam propriedades magnéticas quando colocados num campo magnético. São classificados como substâncias paramagnéticas, diamagnéticas e ferromagnéticas.

Paramagnetismo:

As substâncias (átomos, iões ou moléculas) que contêm um ou mais electrões não emparelhados e que, quando colocadas num campo magnético, são atraídas por esse campo, são designadas por substâncias paramagnéticas e esta propriedade é designada por paramagnetismo.

Estas substâncias permitem que as linhas de força magnéticas passem através delas. A substância permanece paralela ao campo magnético aplicado.

A maior parte dos iões metálicos 3-d são paramagnéticos por natureza. Por exemplo, Cr, Cu. Quanto maior for o número de electrões não emparelhados, maior será o carácter paramagnético da substância.

Efeito da temperatura: O paramagnetismo diminui com o aumento da temperatura.

O momento magnético dos elementos 3d é dado pela fórmula

$$\mu = \sqrt{n(n+2)}\ \text{B.M.}$$

Onde, n= número de electrões não emparelhados

B.M.= Magneto de Bohr (unidade)

Diamagnetismo:

As substâncias (átomos, iões ou moléculas) que contêm todos os electrões emparelhados (sem electrões não emparelhados), quando colocadas num campo magnético, são repelidas pelo campo magnético. Estas substâncias são designadas por substâncias diamagnéticas e esta propriedade é designada por diamagnetismo.

As linhas de força magnéticas não atravessam as substâncias diamagnéticas. A substância alinha-se perpendicularmente ao campo magnético aplicado.

Os iões metálicos 3-d com todos os electrões emparelhados são diamagnéticos.

Ferromagnetismo:

O ferromagnetismo é um caso extremo de paramagnetismo. Em certos elementos como o Fe, Co, Ni, os spins dos electrões não emparelhados são mais pronunciados. Como resultado, estes elementos são muito mais paramagnéticos do que outros elementos tridimensionais. Estes são chamados de substâncias ferromagnéticas e a sua propriedade é chamada de ferromagnetismo.

Quando essas substâncias são colocadas num campo magnético, elas próprias desenvolvem pólos norte e sul. Isto significa que a substância fica magnetizada. Assim, Fe, Co, Ni podem formar ímanes permanentes. As substâncias ferromagnéticas possuem um valor elevado de permeabilidade magnética. Devido ao maior número de electrões desemparelhados, o Fe, o Co e o Ni têm um elevado carácter paramagnético, pelo que são designados por substâncias ferromagnéticas.

Origem do comportamento magnético:

O eletrão é uma partícula carregada. Devido ao seu movimento, actua como um íman em barra, criando assim um campo magnético à sua volta.

Num átomo, o eletrão gira em órbita à volta do núcleo. Este movimento orbital do eletrão produz um campo magnético designado por momento magnético orbital. Além do movimento orbital, o eletrão também tem um movimento de rotação (no sentido dos ponteiros do relógio ou no sentido contrário). Este movimento de rotação produz o momento magnético de rotação. Estes dois momentos magnéticos (orbital e de spin) são responsáveis pelo carácter magnético de um átomo ou substância.

No entanto, nos elementos 3d não existe momento magnético orbital porque este é anulado devido à interação entre o eletrão 3d e os ligandos circundantes. Assim, nos elementos 3d existe apenas um momento magnético de spin que determina o seu comportamento magnético. Quando uma substância é colocada num campo magnético, o campo magnético da substância interage com o campo magnético aplicado externamente.

As substâncias paramagnéticas, devido aos electrões não emparelhados, têm um momento magnético de spin, o que significa que a substância apresenta polaridade Norte-Sul. Estas substâncias, quando colocadas num campo magnético aplicado, são atraídas por pólos opostos, mas as substâncias diamagnéticas não contêm electrões não emparelhados. Todos os electrões estão emparelhados. Nos electrões emparelhados, um eletrão gira no sentido dos ponteiros do relógio e o outro no sentido contrário. Assim, o momento magnético de spin produzido por um eletrão é cancelado por outro eletrão. Assim, a substância diamagnética não tem momento magnético de spin, o momento magnético é zero. Quando essas substâncias são colocadas num campo magnético, o campo magnético externo induz nelas um pequeno momento magnético que está em oposição ao campo magnético externo. Por isso, as substâncias diamagnéticas são repelidas pelo campo magnético.

Permeabilidade magnética:

É definida como o rácio entre as linhas de força magnética por unidade de área na amostra e as linhas de força por unidade de área no vácuo.

$$\rho = \frac{\beta}{H}$$

Suscetibilidade magnética:

É definida como a razão entre a intensidade da magnetização e a força de magnetização.

$$\varkappa = \frac{I}{H}$$

Dá a medida em que o material é suscetível de ser magnetizado.

Tendência de formação complexa:

No complexo existe um catião metálico central rodeado por ligandos.

Ligando - O ligando doa electrões ao catião metálico central. Para a formação do complexo, o catião metálico central deve ter uma orbital d vaga para aceitar os electrões dos ligandos.

O catião do metal de transição tem uma forte tendência para formar compostos complexos devido às seguintes razões

1) O catião do metal de transição tem um tamanho pequeno, o que significa que a carga positiva do metal de transição está presente em tamanho pequeno. Assim, esta elevada densidade de carga positiva atrai o ligando para formar o complexo.
2) Os catiões de metais de transição têm orbitais d vazios com aproximadamente a mesma energia, que podem aceitar electrões dos ligandos.
3) Os metais de transição são capazes de apresentar um estado de oxidação variável.

Estabilidade do composto complexo:

Os vários factores que afectam a estabilidade dos complexos são os seguintes

1) Número atómico do catião metálico:

A estabilidade do complexo diminui com o aumento do número atómico do metal de transição central.

2) Estado de oxidação do catião metálico:

No complexo do mesmo metal e do mesmo ligando, o catião central do metal com maior estado de oxidação forma um complexo mais estável do que o catião do metal com menor estado de oxidação.

3) Força do ligando:

O metal de transição com baixo estado de oxidação forma complexos estáveis com ligandos fortes, enquanto o metal de transição com alto estado de oxidação forma complexos estáveis com ligandos fracos.

Propriedades caraterísticas dos elementos do bloco d:

Os metais de transição têm as seguintes propriedades caraterísticas

1. Todos os elementos de transição são metais, pelo que são bons condutores de calor e eletricidade.
2. Os elementos de transição são duros, maleáveis e dúcteis.
3. Os elementos de transição têm pontos de fusão e de ebulição mais elevados do que os elementos do bloco S e P.
4. Os elementos de transição apresentam estados de oxidação variáveis.
5. A maioria dos elementos de transição forma compostos coloridos.
6. A maioria dos elementos de transição e os seus compostos são paramagnéticos por natureza.
7. Os elementos de transição têm uma forte tendência para formar complexos.
8. Os elementos de transição e os seus compostos funcionam como bons catalisadores de várias reacções.
9. Os elementos de transição formam ligas entre si porque têm um tamanho atómico quase semelhante.

Porque é que o zinco não é um verdadeiro membro da primeira série de transição.

1. De acordo com a definição, o elemento de transição deve ter uma orbital d parcialmente preenchida. Mas o Zn tem a orbital 3d completamente preenchida.
2. O raio atómico do Zn é inesperadamente maior do que o dos seus elementos vizinhos.
3. O Zn apresenta apenas o estado de oxidação +2, enquanto os outros elementos de transição apresentam estados de oxidação variáveis.
4. O zinco no seu estado atómico ou no estado de oxidação +2 é incolor, enquanto a maioria dos elementos de transição são coloridos.
5. O zinco é diamagnético por natureza, enquanto a maioria dos elementos de transição são paramagnéticos por natureza.

Assim, como o zinco difere do resto dos elementos de transição, não é um verdadeiro membro da primeira série de transição.

ELEMENTOS DA SEGUNDA E TERCEIRA SÉRIES DE TRANSIÇÃO

Configuração eletrónica:

A configuração eletrónica da camada de valência da segunda e terceira séries de transição pode ser representada como $(n\text{-}1)d^{1\text{-}10}\ ns^{0,1,2}$ e $(n\text{-}1)d^{1\text{-}10}\ ns^{1,2}$ respetivamente. Na segunda série de transição, o eletrão que entra entra geralmente na orbital 4d e na terceira série de transição o eletrão que entra entra na orbital 5d.

Tabela 6 - Configuração eletrónica dos elementos 4d-

Número atómico	*Elemento*	*Símbolo*	*Configuração eletrónica prevista*	*Configuração eletrónica observada*
39	Ítrio	Y	$[Kr]\ 4d^1\ 5s^2$	$[Kr]\ 4d^1\ 5s^2$
40	Zircónio	Zr	$[Kr]\ 4d^2\ 5s^2$	$[Kr]\ 4d^2\ 5s^2$
41	Nióbio	Nb	$[Kr]\ 4d^3\ 5s^2$	$[Kr]\ 4d^4\ 5s^1$
42	Molibdénio	Mo	$[Kr]\ 4d^4\ 5s^2$	$[Kr]\ 4d^5\ 5s^1$
43	Tecnécio	Tc	$[Kr]\ 4d^5\ 5s^2$	$[Kr]\ 4d^5\ 5s^2$
44	Ruténio	Ru	$[Kr]\ 4d^6\ 5s^2$	$[Kr]\ 4d^7\ 5s^1$
45	Ródio	Rh	$[Kr]\ 4d^7\ 5s^2$	$[Kr]\ 4d^8\ 5s^1$
46	Paládio	Pd	$[Kr]\ 4d^8\ 5s^2$	$[Kr]\ 4d^{10}\ 5s^0$
47	Prata	Ag	$[Kr]\ 4d\ 5s^{9\ 2}$	$[Kr]\ 4d\ 5s^{10\ 1}$
48	Cádmio	Cd	$[Kr]\ 4d^{10}\ 5s^2$	$[Kr]\ 4d^{10}\ 5s^2$

Tabela 7 - Configuração eletrónica dos elementos 5d

Número atómico	*Elemento*	*Símbolo*	*Configuração eletrónica prevista*	*Configuração eletrónica observada*
57	Lantânio	La	[Xe] $4f^0$ $5d^1$ $6s^2$	[Xe] $4f^0$ $5d^1$ $6s^2$
72	Háfnio	Hf	[Xe] $4f^{14}$ $5d^2$ $6s^2$	[Xe] $4f^{14}$ $5d^2$ $6s^2$
73	Tântalo	Ta	[Xe] $4f^{14}$ $5d^3$ $6s^2$	[Xe] $4f^{14}$ $5d^3$ $6s^2$
74	Tungsténio	W	[Xe] $4f^{14}$ $5d^4$ $6s^2$	[Xe] $4f^{14}$ $5d^4$ $6s^1$
75	Rénio	Re	[Xe] $4f^{14}$ $5d^5$ $6s^2$	[Xe] $4f^{14}$ $5d^5$ $6s^2$
76	Ósmio	Os	[Xe] $4f^{14}$ $5d^6$ $6s^2$	[Xe] $4f^{14}$ $5d^6$ $6s^2$
77	Irídio	Ir	[Xe] $4f^{14}$ $5d^7$ $6s^2$	[Xe] $4f^{14}$ $5d^7$ $6s^2$
78	Platina	Pt	[Xe] $4f^{14}$ $5d^8$ $6s^2$	[Xe] $4f^{14}$ $5d^9$ $6s^1$
79	Ouro	Au	[Xe] $4f^{14}$ $5d^9$ $6s^2$	[Xe] $4f^{14}$ $5d^{10}$ $6s^1$
80	Mercúrio	Hg	[Xe] $4f^{14}$ $5d^{10}$ $6s^2$	[Xe] $4f^{14}$ $5d^{10}$ $6s^2$

Em geral, os elementos da segunda e terceira séries de transição contêm dois electrões na sua orbital s mais exterior. No entanto, existem algumas excepções no caso do Nb, Mo, Ru, Rh, Pd, Ag, Au e Pt. Algumas excepções podem ser explicadas com base na obtenção de configurações electrónicas estáveis semi-preenchidas e completamente preenchidas.

Os elementos de transição deveriam ter uma orbital d parcialmente preenchida, mas o Cd e o Hg têm uma orbital d completamente preenchida, pelo que estes elementos apresentam propriedades diferentes das dos outros elementos de transição.

Estados de oxidação:

O raio atómico é a distância do eletrão da camada de valência ao centro do núcleo.

Tabela 8 - Configuração eletrónica dos elementos 4d

Y	Zr	Nb	Mo	Tc	Ru	Rh	Pd	Ag	Cd
$4d^1$ $5s^2$	$4d^2$ $5s^2$	$4d^4$ $5s^1$	$4d^5$ $5s^1$	$4d^5$ $5s^2$	$4d^7$ $5s^1$	$4d^8$ $5s^1$	$4d^{10}$ $5s^0$	$4d^{10}$ $5s^1$	$4d^{10}$ $5s^2$
								+1	
					+2	+2	+2		+2
+3	+3				+3	+3		+3	
	+4		+4	+4	+4	+4	+4		
		+5	+5		+5	+5	+5		
			+6	+6	+6	+6	+6		
				+7	+7				
					+8				

Tabela 9 - Configuração eletrónica dos elementos 5d

La	Hf	Ta	W	Re	Os	Ir	Pt	Au	Hg
$4f^0$ $5d^1$ $6s^2$	$4f^{14}$ $5d^2$ $6s^2$	$4f^{14}$ $5d^3$ $6s^2$	$4f^{14}$ $5d^4$ $6s^2$	$4f^{14}$ $5d^5$ $6s^2$	$4f^{14}$ $5d^6$ $6s^2$	$4f^{14}$ $5d^7$ $6s^2$	$4f^{14}$ $5d^9$ $6s^1$	$4f^{14}$ $5d^{10}$ $6s^1$	$4f^{14}$ $5d^{10}$ $6s^2$
								+1	+1
					+2	+2	+2		+2
+3					+3	+3		+3	
	+4		+4		+4	+4	+4		
		+5	+5				+5		
			+6	+6	+6	+6	+6		
				+7					
					+8				

Raios atómicos e raios iónicos:

Um raio atómico significa a distância do eletrão da camada de valência ao centro do núcleo.

Tabela 10 - Raios atómicos dos elementos 4d e 5d

Elemento	*Raio atómico (A)^{0}*	*Elemento*	*Raio atómico (A)^{0}*
Y	1.62	La	1.69
Zr	1.45	Hf	1.44
Nb	1.34	Ta	1.34
Mo	1.29	W	1.30
Tc	1.26	Re	1.28
Ru	1.24	Os	1.26
Rh	1.25	Ir	1.26
Pd	1.28	Pt	1.29
Ag	1.34	Au	1.34
Cd	1.41	Hg	1.44

Na segunda e terceira séries de transição, à medida que o número atómico aumenta, o raio atómico diminui inicialmente até ao meio da série. Isto deve-se ao aumento da carga nuclear que atrai a nuvem de electrões para o interior e diminui o seu tamanho. Mas depois do meio da série (ou seja, depois do Ru na segunda série e do Os na terceira série) os raios atómicos continuam a aumentar ligeiramente devido ao efeito de blindagem.

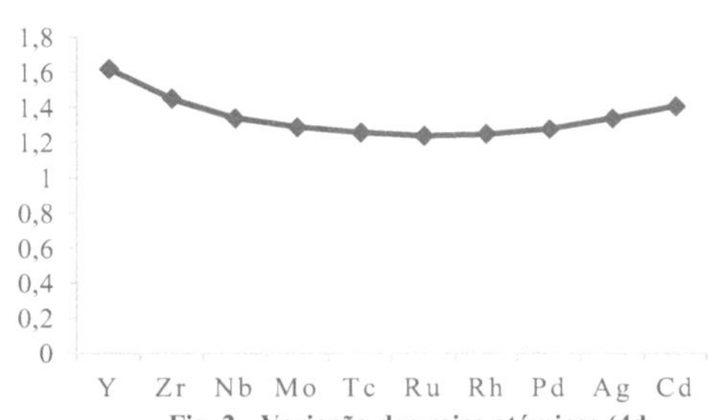

Fig. 2 - Variação dos raios atómicos (4d-elementos)

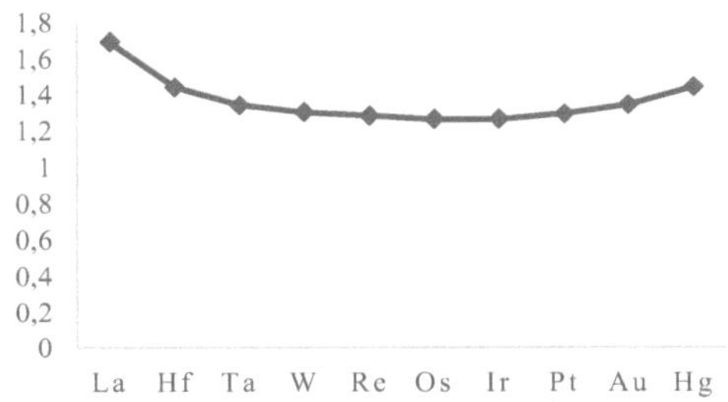

Fig. 3 - Variação dos raios atómicos (5d-elementos)

Um maior número de electrões d na penúltima orbital d repele os electrões s exteriores para longe do núcleo, pelo que se verifica um ligeiro aumento dos raios atómicos. Assim, na segunda e terceira séries de transição, os raios atómicos diminuem, mas não de forma regular.

Os raios iónicos destes elementos seguem a mesma tendência.

Volume e densidade atómica:

I) Volume atómico

Os volumes atómicos dos elementos de transição são muito inferiores aos dos elementos dos blocos s e p. Na segunda e terceira séries de transição, o volume atómico diminui primeiro até ao meio da série e depois aumenta ligeiramente. Isto significa que o volume atómico é mais baixo no meio da série.

II) Densidade

A densidade é inversamente proporcional ao volume atómico. Assim, na segunda e terceira séries de transição, a densidade aumenta primeiro até ao meio da série e depois diminui. Por conseguinte, a densidade é mais elevada a meio da série.

Na segunda e terceira séries de transição, os elementos que estão presentes no mesmo grupo têm quase o mesmo tamanho atómico, mas os pesos atómicos dos elementos da terceira transição são quase o dobro dos elementos da segunda transição. Assim, as densidades dos elementos da terceira série de transição são quase o dobro em comparação com os elementos correspondentes da segunda série de transição.

Pontos de fusão e pontos de ebulição:

Os elementos de transição têm pontos de fusão e de ebulição elevados. Geralmente, na segunda e terceira séries de transição, os pontos de fusão e de ebulição aumentam primeiro até ao meio da série e depois diminuem. Isto significa que os pontos de fusão e de ebulição são mais elevados a meio da série. Este facto deve-se às seguintes razões

1. No meio da série, o tamanho atómico é pequeno, pelo que os átomos estão dispostos de forma compacta.

2. No meio da série de transição há mais electrões d não emparelhados. Devido ao maior número de electrões d não emparelhados, os elementos têm mais ligações metálicas. Assim, são mantidos por forças fortes e, por isso, têm pontos de fusão e de ebulição elevados.

O Zn, o Cd e o Hg têm pontos de fusão e de ebulição baixos devido ao grande tamanho atómico e à ausência de ligações covalentes.

Tabela 11 - Propriedades gerais dos elementos 4d

Elemento	*Número atómico*	*Ponto de fusão (K)*	*Ponto de ebulição (K)*	*Densidade (g/cm)³*	*Electro-negatividade*	*Estrutura cristalina*
Y	39	1799	3611	4.47	1.2	HCP
Zr	40	2128	4650	6.51	1.4	HCP
Nb	41	2750	5015	8.57	1.6	BCC
Mo	42	2896	4885	10.2	1.8	BCC
Tc	43	2430	5150	11.5	1.9	FCC
Ru	44	2607	4173	12.4	2.2	HCP
Rh	45	2237	4000	12.4	2.2	FCC

Pd	46	1828	3413	12.0	2.2	FCC
Ag	47	1235	2485	10.5	1.9	FCC
Cd	48	594	1038	8.69	1.7	HCP

Tabela 12 - Propriedades gerais dos elementos 4d

Elemento	*Número atómico*	*Ponto de fusão (K)*	*Ponto de ebulição (K)*	*Densidade (g/cm)^3*	*Electro-negatividade*	*Estrutura cristalina*
La	57	1193	3730	6.14	1.0	HCP
Hf	72	2506	5470	13.3	1.3	HCP
Ta	73	3290	5698	16.7	1.5	BCC
W	74	3695	5930	19.3	1.7	BCC
Re	75	3459	5900	21.0	1.9	HCP
Os	76	3306	5300	22.6	2.2	HCP
Ir	77	2719	4403	22.6	2.2	FCC
Pt	78	2041	4100	21.4	2.2	FCC
Au	79	1337	3080	19.3	2.4	FCC
Hg	80	234	630	13.6	1.9	----

Carácter metálico:

Devido ao menor número de electrões na camada mais externa, todos os elementos da segunda e terceira séries de transição têm tendência a perder electrões, pelo que todos são metais.

1. São mantidos juntos por forças fortes, por isso são duros.
2. São maleáveis e dúcteis.
3. São bons condutores de calor e eletricidade.
4. Têm estruturas diferentes, como HCP, FCC ou BCC.

Reatividade dos elementos:

Os elementos de transição são menos reactivos porque estes elementos têm

1. Valores elevados de IP (potencial de ionização) devido ao pequeno tamanho atómico.
2. Baixos calores de hidratação
3. Elevado calor de sublimação devido à ligação covalente.

Destes elementos, a Pt e o Au (Platina e Ouro) têm um carácter não reativo mais pronunciado, pelo que são também designados por elementos nobres.

Propriedades catalíticas:

A substância que pode alterar a velocidade da reação sem sofrer qualquer alteração em si mesma é designada por catalisador.

A maioria dos metais de transição e os seus compostos são utilizados como catalisadores porque os metais de transição apresentam estados de oxidação variáveis, pelo que podem formar compostos intermédios com vários reagentes.

Podem também formar compostos intersticiais que podem absorver e ativar as espécies que reagem.

Exemplos -

1. O níquel é utilizado como catalisador na hidrogenação de óleos.

2. V O_{25} é utilizado como catalisador no fabrico de ácido sulfúrico por processo de contacto.

3. O negro de platina é utilizado como catalisador na preparação de formaldeído a partir de metanol.

4. O $TiCl_4$ é utilizado como catalisador para a preparação de polietileno.

Tratamento comparativo de elementos das séries 4d e 5d com elementos da série 3d:

As propriedades químicas da segunda e terceira séries de transição são muito semelhantes. Mas apresentam grandes diferenças de propriedades em relação à primeira série de transição. Os principais pontos de diferença são discutidos a seguir;

Raios iónicos:

Quando descemos num grupo, os raios iónicos aumentam porque o eletrão que entra entra na concha seguinte.

No caso dos elementos do bloco d, os elementos do primeiro grupo apresentam o aumento esperado dos raios iónicos, ou seja, Sc >> Y >> La. Mas, no caso dos outros grupos, verifica-se um aumento dos raios iónicos entre o primeiro e o segundo elementos de transição. Mas quase não há alterações entre o segundo e o terceiro elementos de transição. Isto deve-se ao facto de entre o La e o Hf existirem 14 elementos lantanídeos. Nestes elementos lantanídeos ocorre a contração dos lantanídeos. Devido a esta contração dos lantanídeos, os elementos posteriores aos lantanídeos (pós-lantanídeos, que são elementos de terceira transição) têm raios iónicos mais pequenos do que o esperado, pelo que os raios iónicos dos elementos da segunda e terceira séries de transição de um grupo são praticamente iguais.

Assim, os raios iónicos do Zr e do Hf são praticamente iguais. Do mesmo modo, o Nb e o Ta também têm raios iónicos iguais. O Mo e o W também têm raios iónicos quase iguais. Devido aos mesmos raios iónicos, é muito difícil separar os elementos 4d dos elementos 5d, mas os raios iónicos dos elementos 3d são diferentes dos elementos 4d e 5d, pelo que os elementos 3d podem ser separados com 100% de pureza.

Assim, os segundo e terceiro elementos de transição têm raios iónicos quase iguais, mas diferentes dos raios iónicos dos primeiros elementos da série de transição.

Cores:

A maioria dos iões de metais de transição são coloridos devido à presença de electrões d não emparelhados. Quando alguma luz visível é absorvida e a restante é transmitida pela substância, esta aparece colorida.

As orbitais d do metal dividem-se em dois conjuntos, ou seja, o nível de energia mais baixo e o nível de energia mais alto. Esta divisão deve-se à repulsão entre os electrões d e os electrões dos ligandos. A luz visível incide sobre a substância, pelo que os electrões da orbital d inferior são promovidos para a orbital d superior. Após algum tempo, este eletrão regressa à orbital d inferior. Durante o regresso, este eletrão emite energia sob a forma de luz colorida visível. Esta cor é complementar à cor da luz absorvida. Por isso, os compostos são coloridos.

Observa-se que os complexos de elementos 3d são mais coloridos em comparação com os complexos de elementos 4d e 5d.

Nos elementos 4d e 5d, a carga nuclear é maior, pelo que atrai o ligando para mais perto, pelo que nos elementos 4d e 5d há uma maior divisão da orbital d, ou seja, um maior valor de Δ. Mas, nos elementos 3d, a carga nuclear é menor, pelo que não consegue atrair os ligandos para mais perto, pelo que nos 3d há menos divisão da orbital d, ou seja, menos valor Δ.

Devido à menor divisão das orbitais d, os elementos 3d absorvem radiação de menor energia para promover o eletrão da orbital d de menor energia para a de maior energia. As substâncias que absorvem radiações de menor energia são geralmente de cor escura, pelo que os complexos 3d são mais coloridos ou de cor escura.

Mas nas orbitais 4d e 5d a divisão é maior, pelo que estes elementos absorvem mais radiação energética para promover o eletrão da orbital d de menor energia para a de maior energia. As substâncias que absorvem radiação de alta energia são geralmente de cor ténue. Assim, os complexos 4d e 5d são menos coloridos ou fracos.

Os complexos 3d são geralmente complexos de spin elevado, ou seja, têm mais electrões d não emparelhados, pelo que são mais coloridos. Os complexos 4d e 5d são geralmente complexos de spin baixo, ou seja, têm menos electrões d desemparelhados, pelo que são menos coloridos ou ténues.

Propriedades magnéticas:

Com base no comportamento num campo magnético, as substâncias podem ser classificadas como paramagnéticas, diamagnéticas e ferromagnéticas.

Substâncias paramagnéticas:

As substâncias que são atraídas por um campo magnético são designadas por substâncias paramagnéticas. Estas substâncias contêm um ou mais electrões não emparelhados. Devido à presença de electrões desemparelhados, o máximo de elementos de transição são paramagnéticos por natureza. Quanto maior for o número de electrões não emparelhados, maior será o carácter paramagnético da substância. As substâncias paramagnéticas permitem que as linhas de força magnéticas passem através delas. Estas substâncias permanecem paralelas ao campo magnético aplicado. As substâncias paramagnéticas contêm electrões não emparelhados, pelo que actuam como uma barra magnética. Por conseguinte, são atraídas pelo campo magnético aplicado.

Substâncias diamagnéticas:

As substâncias que são repelidas por um campo magnético são designadas por substâncias diamagnéticas. Estas substâncias contêm todos os electrões emparelhados. As linhas de força magnéticas não atravessam as substâncias diamagnéticas. Estas substâncias alinham-se perpendicularmente ao campo magnético.

Nas substâncias diamagnéticas, o momento magnético é zero. Quando essas substâncias são colocadas num campo magnético, é induzido algum momento magnético na substância. Isto produz pólos magnéticos semelhantes. Por isso, mostram repulsão com o campo magnético aplicado, ou seja, as substâncias diamagnéticas são repelidas num campo magnético.

O movimento de rotação e o movimento orbital do eletrão são responsáveis pela propriedade magnética da substância. Mas, nos elementos de transição, apenas o movimento de spin é responsável pelo comportamento magnético. A sua contribuição orbital é atenuada devido à interação com os ligandos. Mas, em comparação com os elementos 3d, os elementos 4d e 5d têm algum momento magnético orbital.

Os compostos de elementos 3d apresentam fortes propriedades magnéticas. No caso dos iões metálicos 3d, a atenuação do movimento orbital dos electrões é comparativamente grande. Assim, nos elementos 3d, o carácter magnético é determinado principalmente pelo movimento de spin dos electrões. Assim, nos elementos 3d, o momento magnético calculado e os momentos magnéticos observados são praticamente iguais.

Nos iões metálicos 4d e 5d, a atenuação do movimento orbital dos electrões é comparativamente pequena. Este facto deve-se à maior dimensão dos elementos 4d e 5d. Assim, estes têm alguma contribuição orbital. Assim, nos elementos 4d e 5d, tanto o movimento orbital como o de spin do eletrão determinam a propriedade magnética. Assim, nos elementos 4d e 5d, os momentos magnéticos calculados e os momentos magnéticos observados não são os mesmos.

Os complexos 3d são geralmente complexos de spin elevado, isto é, contêm mais electrões não emparelhados. Por conseguinte, têm um carácter mais paramagnético.

Os complexos 4d e 5d são geralmente complexos de baixo spin. Ou seja, contêm um menor número de electrões desemparelhados. Por conseguinte, têm um carácter menos paramagnético.

Estados de oxidação:

Os elementos de transição têm tendência para apresentar estados de oxidação variáveis. As orbitais (n-1)d e ns têm praticamente a mesma energia. Assim, estes elementos podem perder electrões de ambas as orbitais. Por isso, os elementos de transição têm estados de oxidação variáveis.

O estado de oxidação mais baixo é igual ao número de electrões na orbital ns. O estado de oxidação mais elevado é igual ao número de electrões na orbital ns mais o número de electrões não emparelhados na orbital (n-1)d.

O estado de oxidação dos elementos 3d está relacionado com a sua configuração eletrónica. Mas os estados de oxidação dos elementos 4d e 5d não estão relacionados com a sua configuração eletrónica. Nos elementos 3d, o Mn tem um estado de oxidação máximo de +7. Nos elementos 4d e 5d, o Ru e o Os têm um estado de oxidação máximo de +8. No caso dos elementos 3d, os estados de oxidação mais baixos são mais estáveis do que os estados de oxidação mais altos.

Por exemplo, o $[MnO_4]^{2-}$ é um agente oxidante forte, no qual o Mn tem um estado de oxidação +7, mas não é estável e este estado de oxidação +7 é convertido num estado de oxidação inferior. Mas no caso dos elementos 4d e 5d, os estados de oxidação mais elevados são mais estáveis do que os estados de oxidação mais baixos.

Por exemplo, $[TcO]_4^-$ e $[ReO]_4^-$ em que o Tc e o Re têm um estado de oxidação +7 superior e este estado de oxidação é estável.

Do mesmo modo, o $[CrO]_4^{2-}$ é um agente oxidante forte, enquanto o $[MnO]_4^{2-}$ e o $[WO]_4^{2-}$ são estáveis.

Nos elementos 4d e 5d, os estados de oxidação mais elevados são mais estáveis, pelo que os seus compostos têm um carácter mais covalente. Nos elementos 3d, os estados de oxidação mais baixos são mais estáveis, pelo que os seus compostos têm um carácter mais iónico.

Estereoquímica:

Os elementos de transição têm tendência para formar compostos complexos.

1. Os elementos 3d formam complexos mais estáveis com dadores de N, O e F, enquanto os elementos 4d e 5d formam complexos estáveis com dadores de P, S e X.

2. Nos elementos 3d o número de coordenação mais elevado é 6, enquanto nos elementos 4d e 5d o número de coordenação mais elevado é 7 e 8.

3. A fratura da orbital d nos elementos 3d é geralmente pequena, pelo que nestes elementos os complexos de quatro coordenadas são principalmente tetraédricos. Nos elementos 4d e 5d, a fratura das orbitais d é grande. Assim, nestes elementos, os complexos de quatro coordenadas são geralmente quadrado-planares.

4. Simplesmente, os complexos 3d são geralmente complexos de spin elevado, enquanto os complexos 4d e 5d são geralmente complexos de spin baixo.

5. Os elementos 4d e 5d têm tendência para formar aniões iso-poli e heteropoli do que os elementos 3d.

ELEMENTOS DE TRANSIÇÃO INTERNA (f- ELEMENTOS DE BLOCO)

Os elementos em que o último eletrão entra na orbital f são chamados elementos do bloco f. Nos elementos do bloco F, as três camadas mais exteriores estão incompletas. O eletrão diferenciador entra na pré-penúltima camada que está na orbital (n-2)f. Os elementos do bloco f são também designados por ***elementos de transição internos*** porque a adição do último eletrão é mais interna no átomo do que nos elementos de transição.

Os elementos do bloco F têm duas séries-

1. Lantanídeos ou elementos da série 4f e
2. Actinídeos ou elementos da série 5f

LANTHANIDES

Os catorze elementos situados depois do Lantânio, ou seja, do ***Cério ao Lutécio***, são designados por Lantanídeos ou Lantanonas. A palavra ***Lantanídeos*** é utilizada porque estes elementos apresentam semelhanças próximas com o elemento Lantânio. Os lantanídeos são também conhecidos como ***terras raras*** porque foram originalmente extraídos de óxidos, isto é, terras, que eram consideradas ***raras***. Atualmente, o termo terras raras não é utilizado porque muitos destes elementos estão disponíveis em abundância na natureza.

Nos lantanídeos, o último eletrão entra na pré-penúltima camada que está na orbital 4f.

Posição dos lantanídeos na tabela periódica

Os elementos de La a Lu são chamados Lantanídeos. Todos os Lantanídeos são muito parecidos entre si, pelo que devem ser colocados no mesmo grupo na tabela periódica.

Os lantanídeos estão situados no grupo ***III*** da tabela periódica. A sua posição situa-se entre o Ba do grupo II e o Hf do grupo IV. Como existe apenas um espaço entre o Ba e o Hf, só o lantânio é colocado aí, enquanto os restantes lantanídeos são apresentados separadamente na parte inferior da tabela periódica.

Os lantanídeos assemelham-se ao Y, pelo que são colocados abaixo do Y.

Configuração eletrónica

Existem quinze elementos lantanídeos, de La a Lu. Nos lantanídeos, o eletrão de entrada entra na orbital 4f. No La, o eletrão de entrada entra na orbital 5d, mas depois nos outros lantanídeos, o eletrão de entrada entra na orbital 4f em vez da 5d. Este facto deve-se à menor energia da orbital 4f. É energeticamente favorável mover o único eletrão 5d para a orbital 4f. Isto acontece na maioria dos elementos, com exceção do ***Gd*** e ***do Lu***. Isto deve-se a ***orbitais f*** meio preenchidas e completamente preenchidas, respetivamente. A configuração eletrónica geral dos lantanídeos é [Xe] $4f^{0,\,2\text{-}14}\ 5d^{0,1}\ 6s^2$.

A sensação real da orbital f começa com o cério. A sensação de um único eletrão na orbital 5d do Gd deve-se ao facto de ter uma orbital 4f semi-preenchida extra estável. Do mesmo modo, o Lu tem um único eletrão na orbital 5d porque a orbital 4f do Lu já está completamente preenchida.

Tabela 13 - Configuração eléctrica dos Lantanídeos

Em. Não.	***Elemento***	***Símbolo***	***Configuração eletrónica prevista***	***Configuração eletrónica observada***
57	Lantânio	La	[Xe] $4f^0\ 5d^1\ 6s^2$	[Xe] $4f^0\ 5d^1\ 6s^2$
58	Cério	Ce	[Xe] $4f^2\ 5d^0\ 6s^2$	[Xe] $4f^2\ 5d^0\ 6s^2$
59	Praseodímio	Pr	[Xe] $4f^3\ 5d^0\ 6s^2$	[Xe] $4f^3\ 5d^0\ 6s^2$
60	Neodímio	Nd	[Xe] $4f^4\ 5d^0\ 6s^2$	[Xe] $4f^4\ 5d^0\ 6s^2$
61	Promécio	Pm	[Xe] $4f^5\ 5d^0\ 6s^2$	[Xe] $4f^5\ 5d^0\ 6s^2$
62	Samário	Sm	[Xe] $4f^6\ 5d^0\ 6s^2$	[Xe] $4f^6\ 5d^0\ 6s^2$
63	Európio	Eu	[Xe] $4f^7\ 5d^0\ 6s^2$	[Xe] $4f^7\ 5d^0\ 6s^2$
64	Gadolínio	Gd	[Xe] $4f^8\ 5d^0\ 6s^2$	[Xe] $4f^7\ 5d^1\ 6s^2$
65	Térbio	Tb	[Xe] $4f^9\ 5d^0\ 6s^2$	[Xe] $4f^9\ 5d^0\ 6s^2$
66	Disprósio	Dy	[Xe] $4f^{10}\ 5d^0\ 6s^2$	[Xe] $4f^{10}\ 5d^0\ 6s^2$
67	Hólmio	Ho	[Xe] $4f^{11}\ 5d^0\ 6s^2$	[Xe] $4f^{11}\ 5d^0\ 6s^2$
68	Érbio	Er	[Xe] $4f^{12}\ 5d^0\ 6s^2$	[Xe] $4f^{12}\ 5d^0\ 6s^2$
69	Túlio	Tm	[Xe] $4f^{13}\ 5d^0\ 6s^2$	[Xe] $4f^{13}\ 5d^0\ 6s^2$
70	Itérbio	Yb	[Xe] $4f^{14}\ 5d^0\ 6s^2$	[Xe] $4f^{14}\ 5d^0\ 6s^2$
71	Lutécio	Lu	[Xe] $4f^{15}\ 5d^0\ 6s^2$	[Xe] $4f^{14}\ 5d^1\ 6s^2$

Estados de oxidação

Os principais estados de oxidação exibidos pelos lantanídeos são apresentados na tabela. A tabela mostra que o estado de oxidação +3 é comum e estável para todos os elementos lantanídeos. Embora alguns lantanídeos apresentem estados de oxidação +2 e +4, também são convertidos no estado de oxidação estável +3. Por exemplo, o Sm^{2+} é um bom agente redutor, pelo que é convertido em Sm^{3+} , enquanto o Ce^{4+} é um bom agente oxidante, pelo que também é convertido no estado de oxidação estável Ce^{3+} .

Alguns lantanídeos apresentam estados de oxidação +2, +3, +4 que podem ser explicados com base na obtenção da configuração estável $4f^0$, $4f^7$ e 4f . [14]

Tabela 14 - Estados de oxidação de Lantanídeos

Elemento	*Estados de oxidação*
La	(+3)
Ce	(+3) +4
Pr	(+3) +4
Nd	(+2) (+3)
Pm	(+3)
Sm	+2 (+3)
Eu	+2 (+3)
Gd	(+3)
Tb	(+3) +4
Dy	(+3) +4
Ho	(+3)
Er	(+3)
Tm	+2 (+3)
Yb	+2 (+3)
Lu	(+3)

Por exemplo:

1. O La e o Ce apresentam estados de oxidação +3 e +4, respetivamente, porque estes estados de oxidação têm uma configuração 4f vaga estável^0 .
2. O Eu, o Gd e o Tb apresentam estados de oxidação +2, +3 e +4, respetivamente, porque estes estados de oxidação têm uma configuração 4f meio preenchida estável^7 .
3. O Yb e o Lu apresentam estados de oxidação +2 e +3, respetivamente, porque estes estados de oxidação têm uma configuração estável 4f completamente preenchida[14] .

Os estados de oxidação entre parêntesis são

mais estáveis.

A partir da tabela, observa-se que os estados de oxidação mostrados de Ce a Gd se repetem de Tb a Lu. Assim, as propriedades dos Lantanídeos de Ce a Gd repetem-se de Tb a Lu. Este facto é conhecido como ***quebra do gadolínio***.

Muitos dos lantanídeos apresentam estados de oxidação +2, +3 e +4, mas estes estados de oxidação não têm configuração $4f^0$, $4f^7$ ou $4f^{14}$. Podem ser explicados com base em factores termodinâmicos e cinéticos.

Raios atómicos e iónicos

Os raios atómicos e iónicos dos lantanídeos são dados na tabela em picómetros (pm).

A partir da tabela, observa-se que os raios atómicos e iónicos destes elementos diminuem com o aumento do número atómico.

Nos lantanídeos, a diminuição do tamanho dos átomos ou iões com o aumento do número atómico é chamada ***contração dos lantanídeos***.

No entanto, esta diminuição de tamanho é mais regular nos iões do que nos átomos. Para os iões Ln^{3+} esta diminuição de tamanho de La^{3+} para Lu^{3+} é de 21 p.m.

Os valores dos raios mostram dois picos no Eu e no Yb, que têm valores excecionalmente elevados de raios atómicos. Isto deve-se às suas orbitais semi-preenchidas e completamente preenchidas, respetivamente. Isto também se deve à diferença na ligação metálica.

Tabela 15 - Raios atómicos e iónicos dos Lantanídeos

Elemento	*Em. Não.*	*Raios atómicos*	*Raios iónicos (Ln)$^{3+}$*
La	57	1.88	1.06
Ce	58	1.82	1.03
Pr	59	1.83	1.01
Nd	60	1.82	0.99
Pm	61	1.83	0.98
Sm	62	1.80	0.96
Eu	63	2.04	0.95
Gd	64	1.80	0.94
Tb	65	1.77	0.92
Dy	66	1.78	0.91
Ho	67	1.77	0.89
Er	68	1.76	0.88
Tm	69	1.75	0.87
Yb	70	1.94	0.86
Lu	71	1.73	0.85

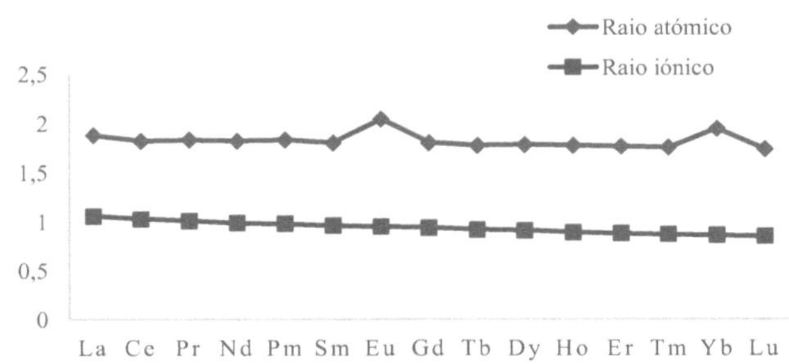

Fig. 4 - Variação dos raios atómicos (Lantanídeos)

A partir da tabela, é evidente que esta pode ser dividida em duas partes iguais. Os valores de Gd a Lu são apenas repetições dos valores de La a Gd. Assim, a expetativa é que as propriedades dos elementos de Gd a Lu sejam semelhantes às de La a Gd. Esta repetição de propriedades a partir do Gd é designada por ***quebra do gadolínio***.

Tabela 16 - Propriedades gerais dos Lantanídeos

Elemento	***Número atómico***	***Ponto de fusão (K)***	***Ponto de ebulição (K)***	***Densidade (g/cm)³***	***Estrutura cristalina***
La	57	1193	3730	6.14	HCP
Ce	58	1072	3716	6.77	FCC
Pr	59	1204	3793	6.77	HCP
Nd	60	1294	3347	7.01	HCP
Pm	61	1441	3273	7.26	RHMB
Sm	62	1350	2067	7.52	BCC
Eu	63	1095	1802	5.24	HCP
Gd	64	1586	3546	7.90	HCP
Tb	65	1629	3503	8.23	HCP

Dy	66	1685	2840	8.54	HCP
Ho	67	1747	2993	8.79	HCP
Er	68	1802	3141	9.07	HCP
Tm	69	1818	2223	9.32	HCP
Yb	70	1097	1469	6.90	FCC
Lu	71	1996	3675	9.84	HCP

Causa da contração dos lantanídeos

Nos lantanídeos, o eletrão que chega entra na pré-penúltima camada, ou seja, na orbital 4f em vez da orbital 6s mais externa. Os electrões da subcamada 4f são incapazes de se protegerem mutuamente, ou seja, o efeito de proteção mútua de um eletrão da orbital 4f por outro eletrão da orbital 4f é muito fraco ou imperfeito. Isto deve-se à forma muito difusa da orbital f, ou seja, a distribuição da densidade eletrónica é baixa devido à grande forma da orbital f e também os electrões 4f não são capazes de proteger eficazmente os electrões 6s mais externos. Nos lantanídeos, à medida que o número atómico aumenta, a carga nuclear também aumenta, o que atrai os electrões para o interior e, assim, o tamanho vai diminuindo.

Por outras palavras, o fraco efeito de proteção dos electrões 4f e o aumento gradual da carga nuclear são responsáveis pela contração dos lantanídeos.

Consequências da contração dos lantanídeos

A contração dos lantanídeos desempenha um papel importante na determinação da química dos lantanídeos e dos elementos da série de transição mais pesados, ou seja, ***dos elementos pós-lantanídeos***. Algumas consequências importantes da contração dos lantanídeos são discutidas a seguir.

1. Tamanho atómico dos elementos pós-lantanídeos

Geralmente, ao descer no grupo, o raio atómico aumenta devido à adição de uma camada extra. Este aumento esperado nos raios atómicos dos elementos de transição só é observado a partir do Sc→ Y→ La. Mas depois disso, para o resto dos elementos de transição, os elementos 4d e 5d têm praticamente os mesmos raios atómicos. Isto deve-se ao facto de entre o La e o Hf existirem 14 elementos lantanídeos onde ocorre ***a contração dos lantanídeos***. Assim, os elementos pós-lantanídeos (ou seja, os elementos 5d após os lantanídeos) têm um tamanho atómico menor do que o esperado, que se torna igual ao tamanho atómico dos elementos 4d. Assim, devido à contração dos lantanídeos, ***o Zr-Hf, o Nb-Ta e o Mo-W*** têm praticamente o mesmo tamanho atómico. Por conseguinte, têm quase as mesmas propriedades, o que torna difícil a sua separação.

2. Os elementos pós-lantanídeos têm quase o mesmo volume atómico que os elementos 4d. Mas a massa dos elementos pós-lantanídeos é superior à dos elementos 4d. Assim, a densidade dos elementos pós-lantanídeos é quase o dobro da dos elementos 4d.

3. Carácter básico dos lantanídeos

Devido à contração dos lantanídeos, o tamanho atómico vai diminuindo de La para Lu. Assim, a sua capacidade de doação de electrões, ou seja, o seu carácter básico, diminui de La para Lu. O carácter básico dos hidróxidos de lantanídeos diminui de La para Lu. Isto deve-se ao facto de o carácter covalente ir aumentando, pelo que o $La(OH)_3$ é mais básico e o $Lu(OH)_3$ é menos básico, ou seja, tem menos tendência para dar OH^- . Observa-se uma força básica semelhante para os óxidos de lantanídeos.

4. Semelhanças dos Lantanídeos

Devido à muito pequena alteração no tamanho atómico dos lantanídeos, estes têm praticamente as mesmas propriedades químicas e físicas. Por isso, a sua separação é difícil.

5. Devido à contração dos lantanídeos, as densidades dos lantanídeos (exceto Eu e Yb) aumentam de La para Lu.

6. Os iões lantanídeos anidros e hidratados têm diferentes tendências de formação de complexos. No caso dos iões lantanídeos anidros, aumenta de La^{3+} para Lu^{3+} mas, no caso dos iões hidratados, diminui de La^{3+} para Lu^{3+} .

Tendência para **a formação de complexos**

Os iões lantanídeos têm uma carga elevada (+3), o que favorece a formação de complexos. Mas têm um tamanho grande, o que faz com que a relação carga/tamanho seja muito pequena (baixa densidade de carga). Como resultado, não podem provocar muita polarização e, por isso, não têm muita tendência para formar complexos.

Os iões lantanídeos podem formar complexos estáveis com

i) Ligandos quelantes que contêm oxigénio, como o EDTA, o ácido cítrico e o ácido oxálico.

ii) Ligandos contendo azoto, como a etilenodiamina, NCS^-

iii) Os complexos de β-dicetona de Eu^{3+} e Pr^{3+} são utilizados como ***reagentes de deslocação de lantanídeos*** em espetroscopia de RMN.

Nos lantanídeos de La a Lu, a tendência para formar complexos aumenta devido à diminuição do tamanho atómico. No entanto, para os lantanídeos hidratados, a sequência é inversa.

Com um ligando específico, a tendência para formar complexos de Lantanídeos é

$$\mathbf{Ln^{4+} > Ln^{3+} > Ln^{2+}}$$

Ocorrência de lantanídeos

Todos os lantanídeos são encontrados em abundância na natureza, exceto o Pr. Os lantanídeos ocorrem na forma de minerais que são classificados em dois grupos.

A. Minerais do grupo Ce :- São designados por terras de cério. Este grupo contém lantanídeos mais leves de La a Eu

B. Minerais do grupo Y :- São designados por terras de ítrio. Este grupo contém os lantanídeos mais pesados, do Gd ao Lu.

Composição de vários minerais :

Minerais	***Composição***
Monazita	Terras de Ce 49 - 74% Y terras 1 - 4%
Bastaesite	Terras de Ce 51 - 72% Y terras 0 - 7,6%
Gadolinite	Terras de Ce 2 - 17% Terras Y 35 - 48%
Euxenite	Terras de Ce 2 - 8% Y terras 13 - 35%

Os lantanídeos são extraídos na Índia da ***areia monazítica***. Esta contém principalmente terras de cério e uma quantidade muito pequena de terras Y. Os lantanídeos são isolados da areia monazítica pelo seguinte método

Extração de Lantanídeos

A extração de Lantanídeos envolve as seguintes etapas.

1. Concentração de minerais

A areia de monazite é mais pesada do que o quartzo e a ganga, pelo que o método de separação por gravidade é utilizado para a concentração dos minerais secundários da monazite. Neste método, o minério é lavado com água. A água transporta consigo a areia e a ganga, deixando para trás a areia monazítica pesada. Em seguida, a areia monazítica é seca e passa por um separador magnético. Aí é separada de outros minerais com propriedades magnéticas mais elevadas.

2. Fissuração

Neste processo, a parte insolúvel presente no mineral é separada da parte solúvel. A fracturação pode ser efectuada utilizando H_2 SO_4 ou NaOH. Em ambos os casos, é feito o isolamento da parte solúvel dos lantanídeos. O craqueamento envolve várias etapas.

Por exemplo, quando o craqueamento é feito por H_2 SO ,$_4$ o filtrado é tratado com pirofosfato de sódio, ácido oxálico e oxalato de amónio. Obtém-se um precipitado de oxalato de lantanídeo. Conforme necessário, pode ser convertido em sulfato e nitrato solúveis.

3. Separação de Lantanídeos

As técnicas de separação dos lantanídeos são as seguintes

A. Método da precipitação fraccionada

O carácter básico dos hidróxidos de lantanídeos diminui de La para Lu. Assim, quando se adiciona NaOH a uma solução de nitratos de lantanídeos, o $Lu(OH)_3$, que é a base mais fraca e tem o produto de menor solubilidade, precipita primeiro, enquanto o $La(OH)_3$, que é a base mais forte e tem o produto de maior estabilidade, permanece dissolvido e acaba por precipitar.

B. Método da alteração do estado de oxidação

Os lantanídeos apresentam um estado de oxidação comum e estável. Apresentam também estados de oxidação +2 e +3. Devido à diferença de propriedades dos iões M^{2+} , M^{3+} e M^{4+} , é possível separar alguns dos lantanídeos.

Suponhamos que temos uma mistura que contém Ce^{3+} e outros iões lantanídeos tri-positivos. Esta mistura é tratada com um agente oxidante forte, como uma solução alcalina de $KMnO_4$, de modo a que o Ce^{3+} seja parcialmente oxidado a ião Ce^{4+} , enquanto os outros iões M^{3+} permanecem como estão na solução.

Agora, a solução que contém Ce^{4+} e outros iões M^{3+} é tratada com um alcalino (NaOH) e o ião Ce^{4+} precipita como $Ce(OH)_4$, enquanto os outros iões permanecem na solução. Assim, a mudança no estado de oxidação torna possível a separação dos lantanídeos.

C. Método de permuta iónica

Este é o método mais eficaz para a separação individual de lantanídeos. Neste método, são utilizadas resinas sintéticas de permuta catiónica. Trata-se de polímeros orgânicos que contêm grupos ácidos, como -COOH, $-SO_3H$, etc. Os iões H^+ destes grupos podem ser substituídos por outros catiões, daí o nome resina de permuta catiónica.

Uma solução aquosa contendo uma mistura de iões lantanídeos tri-positivos é vertida sobre uma resina permutadora de catiões (representada como sólido - HR) acondicionada numa coluna vertical. Estes iões M^{3+} substituem os iões H^+ da resina.

$$M^{3+}{}_{(aq)} + 3\ HR_{\ (sólido)} \rightarrow MR3_{\ (sólido)} + 3H^{+}{}_{(aq)}$$

Resina de Lantanídeo Lantanídeo ligado à resina

Na solução aquosa, os iões La^{3+} têm o tamanho mais pequeno, pelo que estão mais firmemente ligados e os iões Lu^{3+} têm o tamanho maior, pelo que estão menos firmemente ligados à resina. A fim de recuperar os iões M^{3+} fixados na resina, a coluna (razão) é eluída com um agente eluidor, ou seja, ácido cítrico + solução de nitrato de amónio.

Durante o processo de eluição, os iões NH^{4+} substituem os iões M^{3+} e formam-se complexos M-citrato.

$$MR3_{\ (sólido)} + 3NH_4{}^{+}{}_{(aq)} \rightarrow M^{3+}{}_{(aq)} + 3NH_{4}\ R_{\ (sólido)}$$

$$M^{3+} + \text{iões citrato} \rightarrow \text{Complexo M-citrato}$$

O complexo Lu-citrato sai primeiro da coluna porque os iões Lu^{3+} estão menos firmemente ligados à resina. O complexo La-citrato é o último a sair da coluna.

Este processo é repetido várias vezes para obter a separação máxima. Utilizando uma coluna de permuta iónica suficientemente longa, os elementos podem ser obtidos com 99,9% de pureza numa única passagem.

D. Método de extração por solventes

Este método foi introduzido por Fischer para a separação de lantanídeos individuais. Neste método, a separação é efectuada com base na diferença de estabilidade dos sais de lantanídeos em água e em solventes orgânicos. Estes solventes orgânicos extraem os lantanídeos, daí o nome extração por solvente.

O solvente de extração mais utilizado é o fosfato de tri-n-butilo (TBP).

Este método consiste em passar a solução aquosa de sais de Lantanídeos em contracorrente para o solvente orgânico que extrai os Lantanídeos da água. Os iões Ln^{3+} mais pesados são mais solúveis em TBP do que os iões Ln^{3+} mais leves. No entanto, as suas solubilidades em água e em solventes iónicos são inversas.

O rácio do coeficiente de partição de $La(NO_3)_3$ e $Gd(NO_3)_3$ entre HNO_3 conc. e TBP é apenas 1 : 1,06. Assim, devido a esta pequena diferença, pode ser efectuado um grande número de partições utilizando um aparelho de contracorrente.

Este método é muito menos fastidioso. Foram obtidas quantidades em quilogramas de Gd com 95% de pureza por este método.

ACTINIDES

Os catorze elementos situados a seguir ao Actínio, do Th_{90} ao Lr_{103} , são designados por Actinídeos. A palavra Actinídeos é utilizada porque estes elementos apresentam uma grande semelhança com o elemento Actínio. Os actinídeos são a segunda série de elementos de transição interna. A entrada do último eletrão tem lugar na pré-penúltima camada, ou seja, na orbital 5f. Muitos dos actinídeos são sintéticos, ou seja, produzidos pelo homem.

Posição dos actinídeos na tabela periódica

Os elementos de Ac a Lr são chamados actinídeos. Os actinídeos formam a segunda série de elementos de transição interna.

Os actinídeos estão situados no grupo III da tabela periódica. A sua posição situa-se entre Ra do grupo II e Rf do grupo IV. Como há apenas um espaço entre Ra e Rf, só o actínio é colocado aí. Os restantes actinídeos estão situados na parte inferior da tabela periódica, abaixo dos lantanídeos. Os actinídeos são semelhantes aos lantanídeos em muitos aspectos.

Configuração eletrónica

Os quinze elementos de Ac_{89} a Lr_{103} são designados actinídeos. A configuração eletrónica geral dos actinídeos é [Rn] $5f^{0-14}$ $6d^{0-2}$ $7s^2$.

A configuração eletrónica do Ac é [Rn] $5f^0$ $6d^1$ $7s^2$ e espera-se que nos próximos catorze elementos os electrões entrem regularmente na orbital 5f, mas existem algumas irregularidades.

Tabela 17 - Configuração eletrónica dos actinídeos

Em. Não.	*Nome*	*Símbolo*	*Configuração eletrónica prevista*	*Configuração eletrónica observada*
89	Actínio	Ac	[Rn] $5f^0\ 6d^1\ 7s^2$	[Rn] $5f^0\ 6d^1\ 7s^2$
90	Tório	O	[Rn] $5f^2\ 6d^0\ 7s^2$	[Rn] $5f^0\ 6d^2\ 7s^2$
91	Protactínio	Pa	[Rn] $5f^3\ 6d^0\ 7s^2$	[Rn] $5f^2\ 6d^1\ 7s^2$
92	Urânio	U	[Rn] $5f^4\ 6d^0\ 7s^2$	[Rn] $5f^3\ 6d^1\ 7s^2$
93	Neptúnio	Np	[Rn] $5f^5\ 6d^0\ 7s^2$	[Rn] $5f^4\ 6d^1\ 7s^2$
94	Plutónio	Pu	[Rn] $5f^6\ 6d^0\ 7s^2$	[Rn] $5f^6\ 6d^0\ 7s^2$
95	Americío	Am	[Rn] $5f^7\ 6d^0\ 7s^2$	[Rn] $5f^7\ 6d^0\ 7s^2$
96	Curium	Cm	[Rn] $5f^8\ 6d^0\ 7s^2$	[Rn] $5f^7\ 6d^1\ 7s^2$
97	Berkelium	Bk	[Rn] $5f^9\ 6d^0\ 7s^2$	[Rn] $5f^9\ 6d^0\ 7s^2$
98	Califórnio	Cf	[Rn] $5f^{10}\ 6d^0\ 7s^2$	[Rn] $5f^{10}\ 6d^0\ 7s^2$
99	Einsteinium	Es	[Rn] $5f^{11}\ 6d^0\ 7s^2$	[Rn] $5f^{11}\ 6d^0\ 7s^2$
100	Férmio	Fm	[Rn] $5f^{12}\ 6d^0\ 7s^2$	[Rn] $5f^{12}\ 6d^0\ 7s^2$
101	Mendelevium	Md	[Rn] $5f^{13}\ 6d^0\ 7s^2$	[Rn] $5f^{13}\ 6d^0\ 7s^2$
102	Nobelium	Não	[Rn] $5f^{14}\ 6d^0\ 7s^2$	[Rn] $5f^{14}\ 6d^0\ 7s^2$
103	Lawrencium	Lr	[Rn] $5f^{15}\ 6d^0\ 7s^2$	[Rn] $5f^{14}\ 6d^1\ 7s^2$

Assim, a sensação real de orbital começa a partir de Pa. De Ac a Np há uma tendência para reter um único eletrão na orbital 6d. Esta tendência deve-se à menor diferença de energia entre as orbitais 5f e 6d (ou seja, é necessária menos energia para promover o eletrão da orbital 5f para a 6d). Mas a partir de Pa, não há electrões na orbital 6d porque a orbital 5f tem menos energia do que a orbital 6d. Portanto, a partir de Pa, a orbital 5f é preenchida regularmente.

Em Cm e Lr, o último eletrão entra na orbital 6d devido à estabilidade extra das orbitais 5f semi-preenchidas e completamente preenchidas, respetivamente.

Estados de oxidação

Tal como os Lantanídeos, o estado de oxidação +3 é o mais comum nos Actinídeos. Este estado de oxidação torna-se cada vez mais estável à medida que o número atómico aumenta na série dos actinídeos. Esta estabilidade pode ser explicada com base no facto de os estados de oxidação acima de +3 se tornarem cada vez mais difíceis.

Em comparação com os lantanídeos, os actinídeos apresentam estados de oxidação mais variáveis. Isto deve-se ao facto de, no caso dos actinídeos, a energia necessária para a promoção do eletrão da orbital 5f para a orbital 6d ser menor

A partir da tabela, observa-se que os actinídeos inferiores (ou seja, a primeira metade dos actinídeos) apresentam estados de oxidação mais elevados e os actinídeos superiores apresentam estados de oxidação mais baixos. Isto deve-se ao facto de, no caso dos actinídeos inferiores, a diferença de energia entre as orbitais 5f e 6d ser menor. Mas, no caso dos actinídeos superiores, a diferença de energia entre as orbitais 5f e 6d é maior, pelo que não podem apresentar estados de oxidação mais elevados.

Os estados de oxidação dos actinídeos são apresentados na tabela.

Tabela 18 - Estados de oxidação dos actinídeos

Elemento	*Em. Não.*	*Configuração eletrónica*	*Estados de oxidação*
Ac	89	[Rn] $5f^0\ 6d^1\ 7s^2$	(+3) +4
O	90	[Rn] $5f^0\ 6d^2\ 7s^2$	+3 (+4)
Pa	91	[Rn] $5f^2\ 6d^1\ 7s^2$	+3 +4 (+5)
U	92	[Rn] $5f^3\ 6d^1\ 7s^2$	(+3) +4 +5 (+6)
Np	93	[Rn] $5f^4\ 6d^1\ 7s^2$	(+3) +4 +5 +6 +7

Pu	94	[Rn] $5f^6\ 6d^0\ 7s^2$	+3 (+4) +5 +6 (+7)
Am	95	[Rn] $5f^7\ 6d^0\ 7s^2$	(+2) +3 +4 +5 (+6)
Cm	96	[Rn] $5f^7\ 6d^1\ 7s^2$	(+3) +4
Bk	97	[Rn] $5f^9\ 6d^0\ 7s^2$	(+3) +4
Cf	98	[Rn] $5f^{10}\ 6d^0\ 7s^2$	+2 (+3)
Es	99	[Rn] $5f^{11}\ 6d^0\ 7s^2$	+2 (+3)
Fm	100	[Rn] $5f^{12}\ 6d^0\ 7s^2$	+2 (+3)
Md	101	[Rn] $5f^{13}\ 6d^0\ 7s^2$	+2 (+3)
Não	102	[Rn] $5f^{14}\ 6d^0\ 7s^2$	(+2) (+3)
Lr	103	[Rn] $5f^{14}\ 6d^1\ 7s^2$	(+3)

O estado de oxidação estável +2 é mostrado apenas por Am e porque neste estado de oxidação eles têm configuração estável meio cheia (f^7) e completamente cheia (f^{14}), respetivamente.

O estado de oxidação +3 é geral para todos os actinídeos, mas o +3 torna-se mais estável com o aumento do número atómico. O estado de oxidação +5 existe principalmente em Pa, U e Np. Por exemplo, PaF_5 e UF_5 .

O estado de oxidação +6 é indicado pelo U, Np Pu e Am no catião dióxido divalente $(AnO\ )_2$

O estado de oxidação +7 é mostrado apenas por Np e Pu, por exemplo, NpO_5 e $Li_5\ PuO_6$.

Raios atómicos e iónicos

Os raios iónicos dos iões An^{3+} dos actinídeos são dados na tabela.

Elemento	*Número atómico*	*Raios atómicos*	*Raios iónicos*
Ac	89	2.03	1.26
O	90	1.88	1.21
Pa	91	1.62	1.18
U	92	1.53	1.18
Np	93	1.50	1.16
Pu	94	1.62	1.15
Am	95	1.73	1.14
Cm	96	1.74	1.12
Bk	97	1.70	1.10
Cf	98	1.86	1.09
Es	99	1.86	0.98
Fm	100	1.98	0.91
Md	101	1.94	0.90
Não	102	1.97	0.95
Lr	103	1.71	0.88

Tabela 19 - Raios atómicos e iónicos dos actinídeos

Da tabela resulta que os raios iónicos destes elementos diminuem com o aumento do número atómico. A diminuição do tamanho dos átomos ou iões com o aumento do número atómico é designada por contração dos actinídeos.

No entanto, esta diminuição de tamanho é mais regular nos iões do que nos átomos. Os actinídeos apresentam uma contração de tamanho semelhante à dos lantanídeos, mas esta é maior do que nos lantanídeos porque os electrões 5f têm um efeito de blindagem mais fraco do que os electrões 4f.

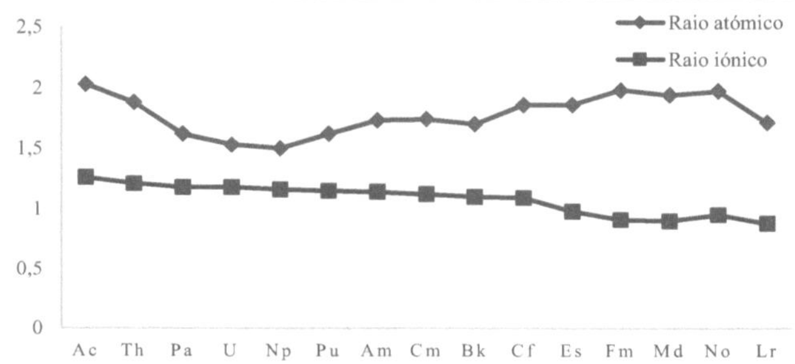

Fig. 5 - Variação dos raios atómicos (Actinídeos)

Causa da contração dos actinídeos

Nos actinídeos, o eletrão de entrada entra na pré-penúltima camada, ou seja, na orbital 5f em vez da orbital 7s mais externa. Os electrões da subcamada 5f não conseguem proteger-se mutuamente, ou seja, o efeito de proteção mútua na orbital 5f é muito fraco ou imperfeito. Isto deve-se à forma muito difusa da orbital f, ou seja, a densidade eletrónica distribuída é baixa e os electrões não conseguem proteger eficazmente os electrões 7s mais exteriores.

Nos actinídeos, à medida que o número atómico aumenta, a carga nuclear também aumenta, o que atrai os electrões para o interior, pelo que o tamanho vai diminuindo. Por outras palavras, o fraco efeito de proteção dos electrões 5f e o aumento gradual da carga nuclear são responsáveis pela contração dos actinídeos.

Tabela 20 - Propriedades gerais dos actinídeos

Elemento	***Número atómico***	***Ponto de fusão (K)***	***Ponto de ebulição (K)***	***Densidade (g/cm)***^{3}	***Estrutura cristalina***
Ac	89	1323	3471	10.07	FCC
O	90	2115	5061	11.78	FCC
Pa	91	1841	4300	15.37	BCC
U	92	1405	4404	19.06	DBCC
Np	93	912	4447	20.45	DBCC
Pu	94	912	3501	19.84	MCL
Am	95	1449	2880	11.70	HCP
Cm	96	1613	3383	13.51	HCP
Bk	97	1259	2900	14.78	DHCP
Cf	98	1173	1743	15.10	DHCP
Es	99	1133	1269	8.84	FCC
Fm	100	1803	-	9.7	FCC
Md	101	1103	-	10.3	FCC
Não	102	1103	-	9.9	FCC
Lr	103	1903	-	14.4	HCP

Comparação de Lantanídeos e Actinídeos

Lantanídeos	*Actinídeos*
1. Devido à grande diferença de energia entre o 4d e o 5d, as propriedades dos Lantanídeos são bastante semelhantes.	1. Devido à pequena diferença de energia entre 5f e 6d, as propriedades dos actinídeos diferem consideravelmente.
2. A energia de ligação do eletrão 4f é maior.	2. A energia de ligação do eletrão 5f é menor.
3. Estes elementos apresentam apenas os estados de oxidação +2, +3 e +4.	3. Os actinídeos apresentam estados de oxidação mais variáveis como +2, +3, +4, +5, +6, +7.
4. O efeito de blindagem mútua dos electrões 4f é maior.	4. O efeito de blindagem mútua dos electrões 5f é menor.
5. A maior parte dos catiões lantanídeos tri-positivos são incolores.	5. A maioria dos catiões actinídeos tri-positivos e tetra-positivos são coloridos.
6. A maioria dos elementos não é radioactiva.	6. A maior parte dos elementos são radioactivos.

Referências

1. *Química Inorgânica*, Catherine E. Housecraft e Alan G. Sharpe, Pearson Education Limited.

2. *Inorganic Chemistry-Principles of Structure and Reactivity*, James E. Huheey, Ellen A. Keiter, Richard L. Keiter, Harper Collins College Publishers.

3. *Química Inorgânica*, James E. House, Academic Press (Elsevier)

4. *Química Inorgânica*, Duward Shriver, Mark Weller, Tina Overton, Jonathan Rourke, Fraser Armstrong, W. H. Freeman and Company.

5. *Selected Topics in Inorganic Chemistry*, Wahid U. Malik, G. D. Tuli, R. D. Tuli, S. Chand Publications.

6. *Química Inorgânica*, Peter Atkins, Tina Overton, Jonathan Rourke, Mark Weller, Fraser Armstrong, Michael Hagerman, W. H. Freeman and Company.

7. *Química Inorgânica Avançada*, F. Albert Cotton, Geoffrey Wilkinson, Interscience Publishers.

8. *Chemistry of the Elements*, N. N. Greenwood, A. Earnshaw, Reed Educational and Professional Publishing.

9. *Princípios de Química Inorgânica*, Late B. R. Puri, L. R. Sharma, K. C. Kalia, Milestone Publishers and Distributors.

10. https://simple.wikipedia.org/wiki/Periodic_table.

MIX
Papier aus verantwortungsvollen Quellen
Paper from responsible sources
FSC® C105338

Printed by Books on Demand GmbH, Norderstedt / Germany